Andreas Schirl

Aus der Reihe: e-fellows.net stipendiaten-wissen

e-fellows.net (Hrsg.)

Band 577

Ist Monopoly fair?

Mathematische Betrachtung des Spiels Monopoly

GRIN Verlag

Bibliografische Information der Deutschen Nationalbibliothek:

Die Deutsche Bibliothek verzeichnet diese Publikation in der Deutschen National-
bibliografie; detaillierte bibliografische Daten sind im Internet über http://dnb.d-
nb.de/ abrufbar.

Impressum:

Copyright © 2012 GRIN Verlag GmbH
Druck und Bindung: Books on Demand GmbH, Norderstedt Germany
ISBN: 978-3-656-32067-8

Dieses Buch bei GRIN:

http://www.grin.com/de/e-book/205507/ist-monopoly-fair

GRIN - Your knowledge has value

Der GRIN Verlag publiziert seit 1998 wissenschaftliche Arbeiten von Studenten, Hochschullehrern und anderen Akademikern als eBook und gedrucktes Buch. Die Verlagswebsite www.grin.com ist die ideale Plattform zur Veröffentlichung von Hausarbeiten, Abschlussarbeiten, wissenschaftlichen Aufsätzen, Dissertationen und Fachbüchern.

Besuchen Sie uns im Internet:

http://www.grin.com/

http://www.facebook.com/grincom

http://www.twitter.com/grin_com

Johann-Michael-Fischer-Gymnasium

Burglengenfeld

W-Seminar Mathematik -

Glück, Logik und Bluff - Mathematik im Spiel

2010/2012

„Ist Monopoly fair?"

Seminararbeit

Name: S. Andreas

Inhaltsverzeichnis

1. Monopoly - eines der bedeutendsten Gesellschaftsspiele

1.1 Geschichte des Monopolys

Monopoly ist wohl eines der bekanntesten Gesellschaftsspiele überhaupt. Die Grundidee ist dabei, dass Spieler durch geschickten Immobilienkauf ein Vermögen aufbauen und den anderen Spielern durch hohe Miete ihr Geld abnehmen.

Die Entstehungsgeschichte von Monopoly ist die klassische Verwirklichung des amerikanischen Traums: Aus bescheidenen Verhältnissen stammend, entwickelte Charles Darrow ein Spiel, das nach einem etwas holprigem Start einen außergewöhnlichen Siegeszug auf der ganzen Welt antreten sollte.[1]

Dabei ist jedoch zu erwähnen, dass es auch ein früher erschienenes Spiel gab, das sicherlich zur Inspiration von Monopoly mit beigetragen hat und über das bereits seit 1904 eine Patenschrift existiert. Dazu heißt es in dem Buch Glück, Logik und Bluff von Jörg Bewersdorff: „Dieses Spiel [The Landlord's Game] verfügte nicht nur schon über den 40 Feldern langen Rundkurs, auch die Eckfelder mit ihren besonderen Funktionen sowie die Bahnhöfe in der Mitte der vier Seiten sind auf dem Spielplan bereits zu finden. [...] Außerdem hatte auch das Landlord's Game bereits das Kaufen und Vermieten von 22 Grundstücken zum Thema."[2]

Abbildung 1:

Spielplan von *„The Landlord's Game"* von Elizabeth Magie aus dem Jahr 1904

Nachdem C. Darrow Monopoly 1930 nach eigenen Angaben als Ablenkung für die lange Zeit der durch die Weltwirtschaftskrise verursachten Beschäftigungslosigkeit entwickelt hat, versuchte er mehrmals das Spiel an verschiedene Hersteller zu verkaufen, jedoch lehnten zunächst alle ab. Die Firma Parker Brothers beispielsweise begründete dies mit „52 grundsätz-

---

[1] Vgl. http://www.monopoly.de/?view=monopoly
[2] Jörg Bewersdorff, Glück, Logik und Bluff: Mathematik im Spiel – Methoden, Ergebnisse und Grenzen, S. 69

lichen Fehlern" des Spiels[3], darunter der langen Spieldauer, komplizierten Spielregeln und dem Fehlen eines Zielpunktes. 1934 jedoch konnte er eine kleine Auflage an ein Kaufhaus in Philadelphia verkaufen und wegen der steigenden Nachfrage bekam jetzt auch die Firma Parker Interesse. Sie half Darrow sich ein Patent auf Monopoly zu sichern und begann gleichzeitig mit der Vermarktung des Spiels.

Im Laufe der Zeit etablierte sich das Spiel auf der ganzen Welt und schrieb Weltgeschichte. Seit der Einführung im Jahre 1935 wurden weltweit mehr als geschätzte 275 Millionen Spiele verkauft und mehr als eine Milliarde Menschen haben seitdem Monopoly gespielt.[4]

1.2   Ist Monopoly fair?

Auf Wikipedia wird das Ziel des Spieles wie folgt definiert: „[A]ls Einzelner am (evtl. zeitlich vorab festgesetzten) Ende das größte Vermögen zu besitzen. Ein Spieler, dessen Privatvermögen auf null gefallen ist, scheidet aus dem Spiel aus."[5]

Deswegen versucht jeder Spieler in der Anfangsphase Grundstücke – Straßen genannt – zu erwerben.[6] Landet man nun auf einem Feld, das bereits einem Mitspieler gehört, muss man diesem eine anfangs geringe Miete bezahlen. Jedoch kann man diese mit weiteren Investitionen, nämlich dem Zukauf von weiteren Straßen gleicher Farbe und dem Bau von Gebäuden drastisch steigern.[7]

Wichtige strategische Entscheidungen im Spiel sind demnach der Kauf und Verkauf von Grundstücken und das Bauen von Häusern und Hotels. Einerseits muss der Spieler versuchen, seine Liquidität zu sichern, doch andererseits muss er auch Geld für Grundstücke und Gebäude investieren, damit er von den anderen Spielern Miete erhält.

Um den Spieler durch eine sinnvolle mathematische Analyse von Monopoly eine fundierte Entscheidungshilfe zu geben, sind wie im richtigen Wirtschaftsleben die **entstehenden Kosten mit der zu erwartenden Ertragssteigerung zu vergleichen**. Da Monopoly einen Glücksfaktor beinhaltet, sind die zu erwartenden Erträge jedoch nur Prognosen, die lediglich auf der Basis von Wahrscheinlichkeiten und Erwartungswerten möglich sind.[8]

Die Höhe der Einnahmen $E(M_x)$ pro Wurf ergibt sich aus dem Produkt der Miete M_x, die pro „Besuch" auf jener Straße x fällig wird und aus der Wahrscheinlichkeit $p_k(i)$, dass es zu einem solchen Besuch kommt (Aufenthaltswahrscheinlichkeit)[9]:

---

[3] Philip E. Orbanes ‚The Game Makers: The Story of Parker Brothers, S. 92
[4] http://www.monopoly.de/?view=monopoly
[5] http://de.wikipedia.org/wiki/Monopoly
[6] Vgl. Bewersdorff, S. 70
[7] Um Gebäude errichten zu können, braucht man alle Straßen einer Farbe
[8] Vgl. Bewersdorff, S.10
[9] Vgl. Bachelorarbeit Monopoly & Markow-Ketten, Julia Tenié, S.7

$$E(M_x) = M_x \cdot p_k(i)$$

Um nun die zu erwartenden Einnahmen zu bestimmen, muss eine Vorgehensweise gefunden werden, wie man die Aufenthaltswahrscheinlichkeiten der einzelnen Spielfelder bestimmen kann. Grundsätzlich kann man sagen, dass die Aufenthaltswahrscheinlichkeiten der 40 Felder nicht jeweils 1/40 betragen, denn z.b. durch das Feld „Gehen Sie in das Gefängnis" oder durch die Pasch-Regelung[10] ist die Symmetrie des Spiels zu stark gestört.[11] Diese Aufenthaltswahrscheinlickeiten sollen nun im Folgenden an einem vereinfachten Modell erklärt werden, bevor auf das Spiel Monopoly eingegangen wird.

In dieser Facharbeit wird daher auf die grundlegenden mathematischen Zusammenhänge und Wahrscheinlichkeitsverteilungen im Spiel Monopoly eingegangen werden. Vor allem sind hierbei die Markow-Ketten zu erwähnen, die für eine solche Betrachtung grundlegend sind. Zusammenfassend sollen diese Kenntnisse dem Spieler letzendlich die Frage beantworten, ob das Spiel Monopoly fair ist.

---

[10] Die Pasch-Regelung besagt, dass man beim dritten Pasch in Folge in das Gefängnis muss.
[11] Bewersdorff, S.70

2. Mathematische Analyse von dem Spiel Monopoly

2.1 Ermittlung der Aufenthaltswahrscheinlichkeiten am vereinfachten Modell

Um eine Methode für die Bestimmung der Aufenthaltswahrscheinlichkeiten beim Spiel Monopoly zu finden, analysieren wir das Problem am folgenden Modell, das lediglich die vier Eckfelder des Spiels Monopoly besitzt. Außerdem lassen wir die Pasch-Regelung außer Acht:

Abbildung 2: Rundkurs mit den vier Eckfeldern von Monopoly

Der Spieler würfelt mit einem handelsüblichen sechsseitigen Würfel. Man kann nun durch wiederholtes Ausführen eines Würfelwurfs bestimmen, mit welcher relativen Häufigkeit, die Spielfigur auf den jeweiligen Feldern landet. Dabei wird gleich zu Anfang ersichtlich, dass Feld 4 mit keinem Würfelwurf erreicht werden kann, da man bei Erreichen des vierten Feldes sofort ins Gefängnis muss, also auf Feld 2 zu stehen kommt.[12] Um nun die exakten Aufenthaltswahrscheinlichkeiten zu bestimmen, muss man zunächst in einer Tabelle die jeweiligen Übergangswahrscheinlichkeiten[13] auflisten, welche angeben, wie wahrscheinlich es ist, von einem Feld auf ein anderes Feld zu kommen. Diese unveränderlichen Wahrscheinlichkeiten ergeben sich aus den Vorgaben des Spielfeldes und der Beschaffenheit des Würfels. Beispielsweise beträgt die Übergangswahrscheinlichkeit um von Feld 1 auf Feld 2 zu kommen ½, da dies durch die Würfelzahl 1, 3 und 5 möglich ist.

Wenn man nun alle Übergangswahrscheinlichkeiten, um von einem Feld auf die vier anderen zu gelangen, summiert, ergibt dies genau den Wert 1, was eine logische Konsequenz sein muss, da sich jene aus den Würfelwahrscheinlichkeiten ergeben, die zusammen ja 1 betragen müssen. Insgesamt ergeben sich hierbei 16 Übergangswahrscheinlichkeiten, die in der folgenden Abbildung tabellarisch erfasst sind.

---

[12] Bei dieser Betrachtung macht es jedoch keinen Unterschied, ob man im Gefängnis ist, oder nur zu Besuch. Entscheidend ist die Tatsache, dass die Spielfigur auf Feld 2 steht.
[13] Übergangswahrscheinlichkeiten sind eine spezielle Art von bedingten Wahrscheinlichkeiten.

	Feld nach einem Zug			
		1	2	3	4

		1	2	3	4
Feld	1	1/6	1/2	1/3	0
vor	2	1/6	1/2	1/3	0
einem	3	1/3	1/2	1/6	0
Zug	4	1/3	1/2	1/6	0

Abbildung 3: Die Übergangswahrscheinlichkeiten zum Würfelrundkurs[14]

Eine solche quadratische Tabelle, bestehend aus den Übergangswahrscheinlichkeiten, bildet die Grundlage für ein mathematisches Theorem aus dem Bereich der Wahrscheinlichkeitstheorie, nämlich für die sogenannten Markow-Ketten, die nach dem russischen Mathematiker Andrei Andrejewitsch Markow benannt sind.

„Will man nun berechnen, wie wahrscheinlich es ist, nach einer vorgegeben Zugzahl auf einem bestimmten Feld anzukommen, dann ist das mit Hilfe der Übergangswahrscheinlichkeiten Zug um Zug möglich", erklärt Jörg Bewersdorff in seinem Buch[15].
Mit zunehmender Zugzahl stellt sich recht schnell eine **stationäre Wahrscheinlichkeitsverteilung** bei den Feldern ein. Da eine solche Wahrscheinlichkeitsverteilung wegen der Forderung nach Aufenthaltswahrscheinlichkeiten implizit vorausgesetzt wird, muss sich diese mit Hilfe der Übergangswahrscheinlichkeiten selbst reproduzieren. Sie muss deshalb dem Gleichungssystem

p(1) = (p(1) + p(2) + 2p(3)) /6
p(2) = (p(1) + p(2) + p(3)) /2   und der Nebenbedingung
p(3) = (2p(1) + 2p(2) + p(3)) /6   p(1) + p(2) + p(3) + p(4) = 1
p(4) = 0

genügen.[16]
Nach Auflösen des Gleichungssystems erhält man nun daraus die gesuchte Wahrscheinlichkeitsverteilung

$p(1)=\frac{3}{14}$, $p(2)=\frac{1}{2}$, $p(3)=\frac{2}{7}$, $p(4)=0$,

als eindeutige Lösung.

---

[14] Obwohl man nie auf Feld 4 zu stehen kommt, ist es durchaus möglich darauf zu starten, weshalb die Übergangswahrscheinlichkeiten angegeben sind.
[15] Bewersdorff, S. 71
[16] Vgl. Bewersdorff, S. 72

Die Aufenthaltswahrscheinlichkeit p(2) von Feld 2 beträgt daher beispielsweise 50%.

2.2 Bezug der Markow-Ketten am vereinfachten Modell

*„Eine **Markow-Kette** ist eine Folge von Zufallsvariablen mit kurzem Gedächtnis; das Verhalten zum jeweils **nächsten Zeitpunkt** hängt nur vom jeweils **aktuellen Wert** ab und nicht davon, welche Werte vorher angenommen wurden."*[17]

Definition[18]: Eine Folge X_0, X_1,... von Zufallsvariablen auf einem Wahrscheinlichkeitsraum (P) mit Werten in E (eine höchstens abzählbare Menge) heißt eine Markow-Kette mit *Zustandsraum E* und *Übergangsmatrix Π*, wenn für alle n ≥ 0 und alle x_0, ..., x_{n+1} ε E gilt:

$$P(x_{n+1} = x_{n+1}|X_0 = x_0, ..., X_n = x_n) = \Pi(x_n, x_{n+1})$$

Sowohl Monopoly, als auch das vereinfachte Modell sind Beispiele für Markow-Ketten. Um nun die Wahrscheinlichkeit für den Eintritt eines Ereignisses, was im Sinne der Markow-Ketten als Aufenthalt in einem **Zustand** interpretiert wird, zu bestimmen, muss man wissen in welchem Zustand man sich gerade befindet.

Steht man beispielsweise bei Monopoly auf „Los", so ist es nicht möglich mit einem Wurf auf das Feld „Zusatzsteuer" zu gelangen. Steht man jedoch auf der Bahnhofsstraße, so muss man nur eine 4 würfeln, was mit einer Wahrscheinlichkeit von 1/12 eintritt. Die Zustände vor „Los" oder der Bahnhofsstraße, also die vorherigen Standorte der Spielfigur, sind jedoch für die Betrachtung uninteressant, da die einzelnen Würfe unabhängig sind.[19]

Autor Bewersdorff drückt diesen Sachverhalt in folgender Weise aus: „Die Abhängigkeit innerhalb der Zufallsfolge ist [...] qualitativ begrenzt, nämlich durch ein „Gedächtnis", das immer genau einen Zug lang währt."[20]

Wie bereits erwähnt besteht eine Markow-Kette mathematisch gesehen lediglich aus einer quadratischen Tabelle von Übergangswahrscheinlichkeiten, **Übergangsmatrix** genannt.

„Gibt es [...] eine bestimmte Schrittzahl, in der jeder Zustand von jedem anderen aus erreicht werden kann – eine solche Markow-Kette heißt **regulär** -, dann existiert genau eine stationä-

---

[17] Hans-Otto Georgii, S. 153
[18] Ebd.
[19] Vgl. Julia Tenié, S.10,11
[20] Bewersdorff, S. 73

re Verteilung, die sich zudem als Grenzwertverteilung[21] aus jeder beliebigen Startverteilung ergibt.", heißt es in Glück, Logik und Bluff.[22]

Wenn also eine Markow-Kette regulär ist, dann müssen alle Koeffizienten der Übergangsmatrix A^n einen Wert größer als 0 annehmen, denn somit kann man von jedem Zustand mit einer gewissen Wahrscheinlichkeit zu jedem Zustand gelangen.

Julia Teiné stellt in ihrer Arbeit fest, dass es tatsächlich bei Markow-Ketten immer stationäre Zustandsverteilungen gibt, doch bei weiten nicht immer nur eine. Oft hängt die stationäre Verteilung jedoch von der Startverteilung ab, und dort gäbe es unendlich viele Möglichkeiten. Obwohl das vereinfachte Modell keine reguläre Markow-Kette ist, da das 4. Feld – oder der 4. Zustand - „Gehe ins Gefängnis" nie erreicht werden kann, besitzt es jedoch eine solche stationäre Verteilung und sie strebt einer Grenzwahrscheinlichkeit entgegen.[23]

Die Markow-Kette im untersuchten Rundkurs umfasst vier Zustände, die den Feldern entsprechen, wobei der aktuelle Zustand der Markow-Kette durch den Standort der Spielfigur bestimmt wird. Dabei ergibt sich folgende Übergangsmatrix:

$$\begin{pmatrix} \frac{1}{6} & \frac{1}{2} & \frac{1}{3} & 0 \\ \frac{1}{6} & \frac{1}{2} & \frac{1}{3} & 0 \\ \frac{1}{3} & \frac{1}{2} & \frac{1}{6} & 0 \\ \frac{1}{3} & \frac{1}{2} & \frac{1}{6} & 0 \end{pmatrix}$$

Abbildung 4: Übergangsmatrix des Rundkurses

Der Autor Bewersdorff erläutert, wie die Entwicklung einer Markow-Kette zu untersuchen ist: „[Es werden] die Aufenthaltswahrscheinlichkeiten, das sind die Wahrscheinlichkeiten, dass sich das System im n-ten Versuch in einen bestimmten Zustand befindet, berechnet. Häufig reicht es allerdings bereits aus, die tendenzielle Entwicklung der Aufenthaltswahrscheinlichkeiten zu ergründen", was sich am Beispiel des vereinfachten Rundkurses zeigen lässt.[24]

Um nun die Aufenthaltswahrscheinlichkeiten jedes Feldes nach n Zügen zu bestimmen, benötigt man eine **Zustandsverteilung p_k** von der Form:

$$p_k = \big(p_k(1), \quad p_k(2), \quad p_k(3), \quad p_k(4)\big).$$

[21] Die Wahrscheinlichkeit dafür, dass sich ein System im Zustand x befindet – also die Grenzwahrscheinlichkeit - hängt praktisch nicht davon ab, in welchem Zustand es sich lange Zeit vorher befunden hat und strebt für n → ∞ gegen einen bestimmten Grenzwert. (Lehrbuch der Wahrscheinlichkeitstheorie, B. W. Gnedenko, S.106)
[22] Bewersdorff, S. 80
[23] Vgl. Julia Teiné, S. 13
[24] Bewersdorff, S.74

Dabei gibt $p_k(i)$ mit $1 \leq i \geq 4$ an, mit welcher Wahrscheinlichkeit sich die Spielfigur nach dem k-ten Spielzugs im Zustand i befindet. Da es sich bei all den Einträgen um Zustandsverteilungen handelt, muss für alle $1 \leq i \geq 4$ gelten:

$$0 \leq p_k(i) \geq 1$$

und

$$\sum_{i=1}^{4} p_k(i) = 1.$$

Es müssen also alle Wahrscheinlichkeiten für die einzelnen Zustände nach k-Zügen zusammen immer 100% ergeben.

Aus jeder beliebigen Verteilung p_k erhält man die Verteilung p_{k+1}, indem man p_k mit der Übergangsmatrix A multipliziert[25]:

$$p_{k+1} = p_k A.$$

Demnach sehen die Zustandsverteilungen folgendermaßen aus:

$$
\begin{array}{llll}
p_1 = & (1/6, & 1/2, & 1/3, & 0) \\
p_2 = & (2/9, & 1/2, & 5/18, & 0) \\
p_3 = & (23/108 & 1/2, & 31/108, & 0) \\
p_{k \to \infty} = & (3/14, & 1/2, & 2/7, & 0)
\end{array}
$$

Die letzte Zustandsverteilung ist zugleich die stationäre Zustandsverteilung, wie im Punkt 2.1 festgestellt wurde.

2.3 Die Markow-Kette des Spiels Monopoly

2.3.1 Die Zustände bei Monopoly

Um eine Markow-Kette für das Spiel Monopoly zu konstruieren, die die Spielsituation möglichst realistisch wiedergibt, muss man zunächst eine Modellierung für die Pasch-Regelung finden. Einen interessanten Gedanken zu dieser Regelung formuliert der Autor Stewart in

---

[25] Vgl. Julia Tenié, S.10,11

seinem Buch, indem er die Wahrscheinlichkeiten für bestimmte Würfelwerte erläutert: „Das Würfeln an sich ist selbst eine winzige Markowsche Kette [...]".[26]

In der folgenden Abbildung, einem Graphen der Wahrscheinlichkeit, soll das Ergebnis dieser Markow-Kette dargestellt werden. Obwohl es einem Spieler möglich ist, bis zu 35 Felder weit zu kommen, liegt die wahrscheinlichste Distanz bei 7.

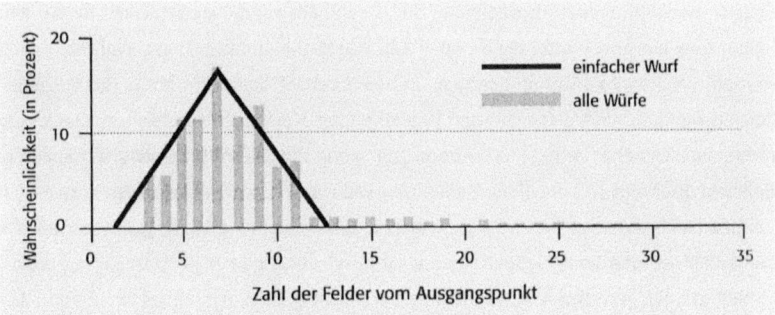

Abbildung 5: Wahrscheinlichkeiten, in einem Zug eine bestimmte Anzahl von Feldern weiterzugehen, wenn die Regeln für Pasch-Würfe einbezogen werden

Innerhalb eines Spielzuges kann man somit mit allen Rechten und Pflichten auf bis zu drei Feldern zu stehen kommen, wobei das dritte Feld automatisch das Gefängnis ist, wenn beim 3. Wurf auch ein Pasch gewürfelt wird. Ein Spielzug kann deshalb bis zu drei Übergänge der Markow-Kette umfassen.[27] „Aus diesem Grund konstruiert man eine Markow-Kette, bei der ein Übergang genau den Auswirkungen eines Wurfes [statt eines ganzen Spielzugs] entspricht" erklärt der Autor Bewersdorff.[28]

Dies gewährleistet, dass jede Zwischenstation z. B. auf Ereignis- und Gemeinschaftsfeldern registriert wird. Erhält man von dort eine Transferkarte wie „Rücke vor bis zum Südbahnhof", dann kann dieses Weiterziehen zusammen mit dem eigentlichen Wurf als ein Übergang betrachtet werden und der Zwischenstopp auf dem Ereignis- oder Gemeinschaftsfeld wird nicht erfasst, ohne dass sich dadurch die Miet-Erwartungen ändern. Dabei wird zur Vereinfachung angenommen, dass die Karten immer von einem gerade durchgemischten und vollständigen Kartenstapel gezogen werden, denn sonst würden sich die Übergangswahrscheinlichkeiten geringfügig verändern und die Komplexität der Markow-Kette wäre noch um ein Vielfaches größer.[29]

---

[26] Ian Stewart, Die wunderbare Welt der Mathematik, S.142
[27] Vgl. Julia Tenié, S.14
[28] Vgl. Bewersdorff, S.76,77
[29] Vgl. Bewersdorff, S.77

Wie erkennt man nun aber anhand der Zustände, wann ein Spielzug beendet ist? Dazu benötigt man neben dem aktuellen Standort auch die Angabe darüber, ob dieser mit einem
Pasch oder gar einem zweiten Pasch in Folge erreicht wurde. Die Unterscheidung liefert nun
pro Feld 3 Zustände, wobei man bei dem Feld Gefängnis nicht unterscheidet mit welcher
Würfelkombination man dort hingekommen ist, sondern die bis zu drei möglichen Runden,
die man im Gefängnis verweilt – sofern man keinen Pasch würfelt.[30]

Folglich benötigt man zur Berechnung der Aufenthaltswahrscheinlichkeiten für die einzelnen
Felder eine **Markow-Kette, die** $3 \cdot 40 = 120$ **Zustände** umfasst. Diese Wahrscheinlichkeiten
werden, wie bereits erwähnt, benötigt, um die durchschnittlichen Erträge der einzelnen Straßen zu ermitteln und diese mit den entstehenden Kosten zu vergleichen. Die Übergangswahrscheinlichkeiten ergeben sich demnach, wenn man Würfelwahrscheinlichkeiten auf das
Spielfeld überträgt und dabei die Sonderfälle wie Pasch und Transferkarten berücksichtigt.[31]

Verständlicherweise ist jene Übergangsmatrix zu komplex und umfangreich, als dass sie hier
dargestellt werden kann, jedoch kommt man mit derselben Methode wie im vereinfachten
Modell zu den jeweiligen Aufenthaltswahrscheinlichkeiten der einzelnen Felder. Um jene
Wahrscheinlichkeiten auszurechnen, braucht man ein lineares Gleichungssystem mit 121
Gleichungen und 120 Unbekannten, weshalb auf die Berechnung verzichtet wird.[32]

2.3.2 Die stationäre Grenzverteilung

Da die **Markow-Kette des Spiels Monopoly regulär** ist, existiert eine stationäre Verteilung,
die sich aus jeder beliebigen Startverteilung ergibt. Dies lässt sich durch die Tatsache be-
gründen, dass die dritte Potenz der 120x120-Übergangsmatrix nur Koeffizienten ungleich 0
besitzt.[33] Dies bedeutet, dass man in drei Schritten von jedem Zustand in jeden gelangen
kann, was durch das Vorhandensein der Transferkarten, die es dem Spieler mit nur einem
Wurf ermöglichen, große Distanzen auf dem Spielplan zurückzulegen, gewährleistet wird.

Hier ergeben sich analog zu den Berechnungen des vereinfachten Modells für die 40 Felder
des Monopoly-Rundkurses die in Abbildung 6 aufgeführten Aufenthaltswahrscheinlichkeiten.

Um die Mieterwartungen jener Straßen zu berechnen, multipliziert man einfach die Aufenthaltswahrscheinlichkeiten mit den entsprechenden Mieten bei Bebauung mit Hotel oder
Wurfzahl 7 bei Versorgungswerken. Die letzte Spalte fasst die maximalen Mieterwartungen
aller zu einer Gruppe gehörenden Straßen zusammen.[34]

---

[30] Vgl. Julia Tenié, S.14
[31] Vgl. Bewersdorff, S.77
[32] Vgl. http://www.bewersdorff-online.de/monopoly/
[33] Bewersdorff, S.80
[34] Vgl. Julia Teiné, S.17

	Straße	Wahr	Maximale Miete		
			absolut	Erw.	Gruppe
0	Los	0,02889			
1	Badstraße	0,02436	5000	122	
2	Gemeinschaftsfeld	0,01763			
3	Turmstraße	0,02040	9000	184	305
4	Einkommenssteuer	0,02210			
5	Südbahnhof	0,02686	4000	107	
6	Chausseestraße	0,02169	11000	239	
7	Ereignisfeld	0,00972			
8	Elisenstraße	0,02246	11000	247	
9	Poststraße	0,02217	12000	266	752
10	Nur zu Besuch	0,02184			
11	Seestraße	0,02596	15000	389	
12	Elektrizitätswerk	0,02378	1400	33	
13	Hafenstraße	0,02213	15000	332	
14	Neue Straße	0,02457	18000	442	1164
15	Westbahnhof	0,02531	4000	101	
16	Münchener Straße	0,02703	19000	514	
17	Gemeinschaftsfeld	0,02306			
18	Wiener Straße	0,02821	19000	536	
19	Berliner Straße	0,02794	20000	559	1608
20	Frei parken	0,02806			
21	Theaterstraße	0,02594	21000	545	
22	Ereignisfeld	0,01209			
23	Museumsstraße	0,02549	21000	535	
24	Opernplatz	0,02983	22000	656	1736
25	Nordbahnhof	0,02718	4000	109	
26	Lessingstraße	0,02540	23000	584	
27	Schillerstraße	0,02521	23000	580	
28	Wasserwerk	0,02480	1400	35	68
29	Goethestraße	0,02441	24000	586	1750
30	Gefängnis	0,09422			
31	Rathausplatz	0,02501	25500	638	
32	Hauptstraße	0,02438	25500	622	
33	Gemeinschaftsfeld	0,02193			
34	Bahnhofstraße	0,02312	28000	647	1907
35	Hauptbahnhof	0,02243	4000	90	407
36	Ereignisfeld	0,00934			
37	Parkstraße	0,02023	30000	607	
38	Zusatzsteuer	0,02023			
39	Schloßallee	0,02457	40000	987	

Abbildung 6: Aufenthaltswahrscheinlichkeiten und Mieten beim Monopoly

Zudem kann man anhand der stationären Verteilung bei Monopoly den Anteil an ersten Würfen eines Spielzuges bestimmen. Ein Spielzug endet, wenn man keinen Pasch mehr wirft, oder im Gefängnis sitzt. Daher sind alle Würfe, die von einem der möglichen 42 Zustände

(39 „ohne Pasch erreicht"-Zustände – sprich die 39 Spielfelder, die ohne Pasch erreicht wurden - und 3 Gefängniszustände) ausgehen, erste Würfe.

Diese belegen bei der stationären Verteilung einen Anteil von 84,25%. Dabei markiert jeder erste Wurf einen neuen Spielzug, sodass sich 100 Würfe auf 84,25 Spielzüge aufteilen. Demnach umfasst ein Spielzug im Durchschnitt 100/84,25=1,1869 Würfe.[35]

2.4 Konsequenzen für den Spielverlauf

Betrachtet man nun die einzelnen Aufenthaltswahrscheinlichkeiten der einzelnen Spielfelder, sind zum Teil erhebliche Unterschiede feststellbar. Die **kleinsten Aufenthaltswahrscheinlichkeiten haben die Ereignisfelder**, zwischen 0,9 und 1,2%, da sich unter den 16 Ereigniskarten 9 Transferkarten befinden. Der Zwischenstopp bei einem solchen Transfer auf einem Ereignisfeld wird, wie bereits erwähnt, nicht erfasst.

Analog zu den Ereignisfeldern besitzen die Gemeinschaftsfelder auch geringe Aufenthaltswahrscheinlichkeiten im Vergleich zu den restlichen Feldern, weil sich immerhin noch 2 Transferkarten unter den Gemeinschaftskarten befinden.

Daraus kann man unmittelbar schlussfolgern, dass Felder, die mit Transferkarten erreicht werden können, die mitunter größten Aufenthaltswahrscheinlichkeiten besitzen. Die **Spitzenposition mit 2,983%** belegt dabei der **Opernplatz**, der mit der besonders günstigen Lage 14 Felder hinter dem Gefängnis trumpft und damit häufig in zwei Zügen vom Gefängnis aus erreicht wird. Dagegen hat die Parkstraße eine sehr geringe Besuchswahrscheinlichkeit von 2,023%, da sie genau 7 Felder hinter dem Feld „Gehen Sie in das Gefängnis" liegt und auch nicht durch eine Transferkarte erreicht werden kann.

Hierbei ergibt sich ein relativer Unterschied von (2,983% - 2,023%) /2,023%=**47,5%**.

Somit hat ein Hotel auf dem Opernplatz mit 656 Spielmark pro Wurf trotz deutlich niedriger Miete eine höhere Mieterwartung als ein Hotel auf der Parkstraße mit 607 Spielmark pro Wurf.

Das Feld mit der **größten Besuchswahrscheinlichkeit von 9,422%**[36] unter allen Feldern stellt hierbei das **Gefängnis** dar. Es gibt die unterschiedlichsten Möglichkeiten darauf zu landen. Einerseits gebieten das Feld und die Transferkarte „Gehen Sie in das Gefängnis" dazu,

---

[35] Vgl. Julia Tenié, S. 17
[36] Bei diesem Wert wird die Möglichkeit des Freikaufens und die „Du kommst aus dem Gefängnis frei"-Karte nicht berücksichtigt, da dies eine subjektive Entscheidung ist und deshalb keine Wahrscheinlichkeit zugeordnet werden kann. Es empfiehlt sich vor allem in der Endphase des Spielverlaufs im Gefängnis zu verweilen, weil dort Miete kassiert werden darf, aber keinesfalls welche fällig wird. Die Möglichkeit eines unmittelbaren Freikaufs sollte man daher nicht wahrnehmen (vgl. Bewersdorff, S.77).

anderseits muss man nach dem 3. Pasch ebenfalls dorthin. Zudem muss man oft mehrere Runden im Gefängnis verweilen.

Diese relativ häufigen Gefängnisbesuche erklären auch die allgemein hohen Besuchswahrscheinlichkeiten von Straßen, die zwischen dem Gefängnis und dem gegenüberliegenden Feld „Gehen Sie in das Gefängnis" liegen.[37]

Unter diesem Gesichtspunkt kommt ein Spieler womöglich zu denjenigen Fragen, die der Mathematiker Bewersdorff treffend in seinem Buch Glück, Logik und Bluff zusammenfasst: „Wie sind die berechneten Mieterwartungen zu interpretieren? Wie können auf ihrer Basis Entscheidungen optimiert werden, wie sie insbesondere beim Grundstückshandel sowie beim Bauen fällig sind?"[38]

2.5 Strategische Tipps für den Grundstückshandel und das Bauverhalten[39]

Aufgrund der hohen Komplexität, die ein von mehreren Personen gespieltes Monopoly beinhaltet, sind im Hinblick auf das Spielziel, nämlich den letztlich angestrebten Ruin der Mitspieler nur tendenzielle Aussagen möglich. Dabei kann man sich die Mieterwartungen, die wir durch die Modellierung der Markow-Kette erhalten haben, zunutze machen.

Je nach Spielphase empfiehlt sich eine bestimmte Strategie:

➢ In frühen Spielphasen, wenn die ersten Häuser gebaut werden, ist noch nicht viel Geld im Umlauf, daher empfiehlt es sich die **weitere Liquidität sicherzustellen**. Investitionen müssen darauf geprüft werden, wie man ausgehend vom vorhandenen oder kurzfristig verfügbaren Budget seine Mieterwartungen am meisten steigern kann. Der **Bau von einem Haus** wird beispielsweise nach seiner **Rendite bewertet**, das heißt danach, wie schnell die zusätzliche Mieterwartung die Baukosten abdeckt.[40] Die Berliner Straße ist beispielsweise zischen Los und Museumsstraße jene Liegenschaft, die bei drei Häusern am schnellsten über die Rentabilitätsschwelle führt – durchschnittlich dauert es zehn Runden. In den folgenden Abbildungen wird dies mithilfe des Verfahrens von Fridells verdeutlicht. Abbildung 7 zeigt, mit welcher Wahrscheinlichkeit ein Spieler bei einer bestimmten Runde auf der Berliner Straße zu ste-

[37] Vgl. Julia Tenié, S.19 und S.20
[38] Bewersdorff, S.78
[39] Vgl. Julia Tenié, S.20 und S.21
[40] Vgl. Bewersdorff, S.78

hen kommt. Aus Abbildung 8 ist zu ersehen, wie der Gesamtwert des Grundstücks (negative Werte sind vorausgezahltes Kapital) von der Anzahl der Runden nach dem Erwerb abhängt.[41]

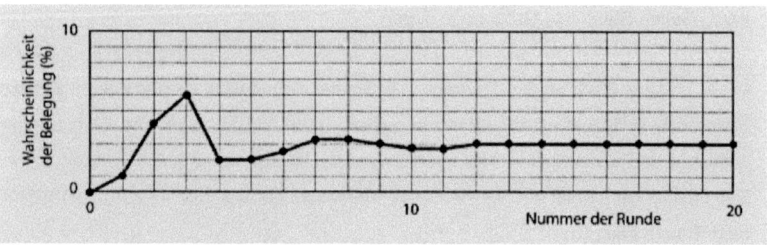

Abbildung 7: Die Wahrscheinlichkeit, bei einer bestimmten Runde auf der Berliner Straße zu landen

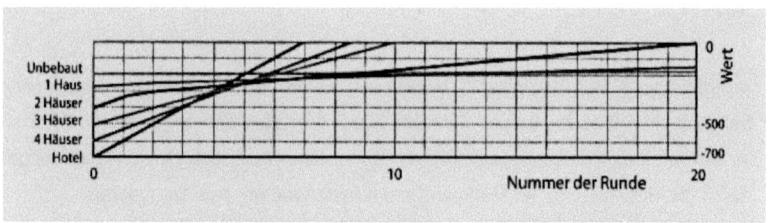

Abbildung 8: Durchschnittlicher Geldfluss für Häuser auf der Berliner Straße

> In späteren Spielphasen, wenn die Kapitaldecke der Spieler größer ist, geht es vor allem darum, den Mitspieler in den Ruin zu treiben. Einmalig entstehende Kosten, insbesondere jene für das Häuserbauen, fallen im Vergleich zu den dauerhaften Mieteinnahmen kaum ins Gewicht. Daher werden nun Investitionen auf der Basis der Einnahmen, also der absoluten Mieterwartungen, bewertet. Ziel ist es entweder den insgesamt begrenzten Häuservorrat für die Mitspieler zu blockieren oder so viele Hotels wie möglich zu errichten und dabei seine **Gesamtmieterwartung zu maximieren.**[42] Gelingt es einem dabei dauerhaft, seine Mieterwartungen multipliziert mit der Anzahl der Gegenspieler größer zu halten, als die Mieterwartung aller Gegenspieler zusammen, so fährt man durchschnittlich jede Runde Gewinne ein und ist so auf gutem Weg die anderen Mitspieler in den Ruin zu treiben.

---

[41] Vgl. Stewart, S.146
[42] Vgl. Bewersdorff, S.78

Natürlich sind diese Strategien und Überlegungen kein Garant für einen Sieg, da Monopoly zum größten Teil auf Glück basiert und im schlimmsten Fall die Würfel so fallen, dass man selbst in den Ruin getrieben wird. Jedoch bieten sie mathematisch fundierte Anhaltspunkte, die einem Spieler zum Sieg verhelfen können.

Um obige Strategien noch etwas zu konkretisieren werden in der folgenden Abbildung die absoluten Mieterwartungen der Straßengruppen und die Renditen für den Bau weiterer Häuser pro Spielzug dargestellt:

	Mieterwartung bei Hotels	Rendite eines weiteren Hauses (in Prozent pro Zug)				
		1.	2.	3.	4.	5.
lila	362	0,5	1,5	4,6	5,4	5,7
hellblau	892	1,0	3,1	9,8	7,2	7,9
violett	1381	0,9	3,1	8,8	5,3	4,3
orange	1909	1,4	4,4	11,9	6,6	6,6
rot	2061	1,2	3,7	9,6	3,8	3,8
gelb	2077	1,3	4,5	9,4	3,5	3,5
grün	2263	1,2	3,9	7,5	2,9	2,6
dunkelblau	1887	1,4	4,9	9,4	3,4	3,4

Abbildung 9: Die Mieterwartung bei den verschiedenen Straßengruppen und die Renditen beim Bau eines weiteren Hauses[43]

Betrachtet man hierbei die Spalten für die Renditen von Häusern, fällt auf, dass sich der **Bau eines dritten Hauses überall besonders lohnt**. Dies deckt sich auch mit der Aussage von Ian Stewart, der anmerkt, dass bei drei Häusern schnell Überschüsse erzielt werden. Darum empfiehlt es sich, so schnell wie möglich drei Häuser auf eine Straße zu bauen. Bei einer durchschnittlichen Rendite von 10% wäre, der Kaufpreis für die 3 Häuser bereits nach 30 Spielzügen, bei 5 Spielern entspricht dies 6 Runden, wieder eingenommen, wohingegen man mit einem Haus bei einer Rendite von 1% bis zu 100 Spielzüge warten muss.

---

[43] Die Werte der Mieterwartung pro Spielzug für das Hotel erhält man, indem man jene aus Abbildung 6 mit 1,1869 multipliziert, da ja wie bewiesen wurde, ein Spielzug im Durchschnitt 1,1869 Würfe umfasst.
Die Berechnung der Rendite soll hier beispielhaft an der orangen Berliner Straße aufgezeigt werden:
Da die Berliner Straße eine Aufenthaltswahrscheinlichkeit von 2,794 % und bei Besitz aller Straßen einen Mietwert von 640 Spielmark hat, entfällt auf diese eine Mieterwartung von 2,794 % · 640 · 1,1869 = 21,22367 pro Spielzug. Ein Haus kostet hier 2000 Spielmark, während die Miete für ein Haus 1600 Spielmark beträgt, was einer Mieterwartung von 53,0951 Spielmark beträgt. Dies entspricht einer zusätzlichen Mieterwartung von 31,871 Spielmark. Das macht einen Anteil von 31,871 ÷ 2000, also von 1,494 % der Baukosten aus – das ist der Renditewert. Der Renditewert der beiden anderen Straßen ist jedoch geringer (nämlich 1.347% für die Münchner Straße und 1,406% für die Wiener Straße), somit ergibt sich, wie in der Tabelle angegeben, ein Durchschnitt von 1,4%. (vgl. Julia Tenié, S.21, 22)

Wenn man nun in der glücklichen Lage ist frei zu wählen, wo man bauen will, ist Abbildung 10 eine Entscheidungshilfe, die die Rangfolge der Renditen zeigt.

| Anlage | | Rendite |
Farbe	Häuser	(% pro Zug)
orange	1.-5.	6,2
hellblau	1.-5.	5,8
dunkelblau	1.-3.	5,2
gelb	1.-3.	5,1
rot	1.-3.	4,9
violett	1.-5.	4,5
grün	1.-3.	4,2
rot	4.-5.	3,8
lila	1.-5.	3,6
gelb	4.-5.	3,5
dunkelblau	4.-5.	3,4
grün	4.-5.	2,7

Abbildung 10: Vergleich der Renditen: Wo man zuerst bauen sollte

Bei Betrachten der beiden Tabellen fällt auf, dass die **orange Straßengruppe** sowohl bei der absoluten Mieterwartung, als auch bei den Renditen sehr gute Werte erzielt. Daneben ist auch die **hellblaue Straßengruppe** hervorragend für die **frühe Spielphase** geeignet, bei der man ja in Grundstücke und Häuser mit hoher Rendite investieren sollte.

Für **spätere Spielphasen** schneidet neben der **roten und gelben Straßengruppe** besonders die **grüne** sehr gut ab, da jene drei die höchsten absoluten Mieterwartungen besitzen und so dem Spieler zu maximal möglichem Gewinn verhelfen.

Insgesamt kann man sagen, dass man um in beiden Spielphasen gut abzuschneiden einerseits entweder die orange oder hellblaue Straßengruppe besitzen sollte und anderseits rot, gelb oder grün.

3. Monopoly ist fair

Zusammenfassend sieht man, dass Monopoly mathematisch gesehen eine eindeutig stationäre Grenzverteilung hat und dabei jedem Feld eine andere Aufenthaltswahrscheinlichkeit
zugeordnet werden kann. Nun lässt sich jedoch ausgehend von dieser Erkenntnis alleine
keine Aussage über die Fairness des Spiels treffen.
Auf die Frage hin, ob das Spiel Monopoly fair ist, soll hier deswegen ein Zitat aus dem Buch
„Die wunderbare Welt der Mathematik" als Antwort dienen:

*„Die Wahrscheinlichkeiten haben keinen wirklichen Einfluss darauf, wie „fair" das Spiel ist,
weil alle Spieler vor derselben Situation stehen. Wenn die Belohnung dafür, auf Feldern mit
geringer Wahrscheinlichkeit zu landen, gemessen an dieser niedrigen Wahrscheinlichkeit
viel zu hoch wäre, dann gäbe es ein Problem. Denn wenn ein Spieler in einem Spiel aus
purem Dusel einen großen Vorteil erlangt, dann ist das Spiel unfair."*[44]

Er kommt aber zu dem Schluss, Monopoly sei in dieser Hinsicht nicht unfair. Meine persönli-
che Ansicht stützt diese Aussage, nämlich dass Monopoly fair ist. Denn der Spielausgang
hängt größtenteils davon ab, wie die Würfel fallen – ist also Zufall. Lediglich obige Strategien
können einem Spieler einen Vorteil verschaffen, falls die anderen Mitspieler darüber nicht
informiert sein sollten.

---

[44] Stewart, S.148

4. Literaturverzeichnis

Bücher:

Jörg Bewersdorff, *Glück, Logik und Bluff: Mathematik im Spiel – Methoden, Ergebnisse und Grenzen*, Braunschweig/Wiesbaden, Vieweg Verlag, 2001 (3.Auflage)

Hans-Otto Georgii, *Stochastik: Einführung in die Wahrscheinlichkeitstheorie und Statistik*, 2007, Gruyter Verlag, 3. Auflage

Boris Gnedenko, *Lehrbuch der Wahrscheinlichkeit*, 1997, Boris Verlag, 10. Auflage

Philip E. Orbanes, *The Game Makers: The Story of Parker Brothers from Tiddledy Winks to Trivial Pursuit*, 2003, Mcgraw-Hill Professional

Ian Stewart, *Die wunderbare Welt der Mathematik,* Oxford (englische Ausgabe: „Math Hysteria- Fun and Games with Mathematics"), Piper Verlag, 2004

Internetseiten:

Jörg Bewersdorff, *Monopoly im Blickwinkel der Mathematik*
http://www.bewersdorff-online.de/monopoly/
Stand   2002
Abrufdatum   11.09.11

Hasbro Deutschland GmbH, *Über Monopoly*
http://www.monopoly.de/?view=monopoly
Stand   2007
Abrufdatum   11.09.11

Julia Teiné, *Monopoly und Markow-Ketten*
http://www.num1.ruhr-uni-bochum.de/arbeiten/ba_tenie.pdf
Stand   2008
Abrufdatum   11.09.11

Wikipedia, *Monopoly*
http://de.wikipedia.org/wiki/Monopoly
Stand   31.08.11
Abrufdatum   11.09.11

5. Abbildungsverzeichnis